Joy Chinyere Ogbu

Infecções de feridas

Joy Chinyere Ogbu

Infecções de feridas

Estudos sobre o conhecimento indígena na gestão de infecções de feridas e a sensibilidade antibacteriana das bactérias isoladas

ScienciaScripts

Imprint

Any brand names and product names mentioned in this book are subject to trademark, brand or patent protection and are trademarks or registered trademarks of their respective holders. The use of brand names, product names, common names, trade names, product descriptions etc. even without a particular marking in this work is in no way to be construed to mean that such names may be regarded as unrestricted in respect of trademark and brand protection legislation and could thus be used by anyone.

Cover image: www.ingimage.com

This book is a translation from the original published under ISBN 978-620-7-65137-5.

Publisher:
Sciencia Scripts
is a trademark of
Dodo Books Indian Ocean Ltd. and OmniScriptum S.R.L publishing group

120 High Road, East Finchley, London, N2 9ED, United Kingdom
Str. Armeneasca 28/1, office 1, Chisinau MD-2012, Republic of Moldova, Europe
Printed at: see last page
ISBN: 978-620-7-69885-1

ESTUDOS SOBRE O CONHECIMENTO INDÍGENA NA GESTÃO DA FEBRE TIFÓIDE E INFECÇÕES DE FERIDAS UTILIZANDO O EXTRACTO DE FOLHAS DA PLANTA CALOTROPIS PROCERA E A SENSIBILIDADE ANTIBACTERIANA DE BACTÉRIAS ISOLADAS DE INFECÇÕES DE FERIDAS.

RESUMO

Foram realizados estudos sobre o conhecimento indígena no tratamento da febre tifoide e infecções de feridas utilizando o extrato de folhas da planta Calotropis procera. As folhas foram arrancadas e secas ao ar até obterem um peso constante, pulverizadas com quatro solventes diferentes: aquoso, n.hexano, etanol e metanol. Duzentos e cinquenta gramas da amostra seca e pulverizada foram pesados para cada extração por solvente e foram obtidos 28,50±1,00 (g), 12,30±1,00 (g), 16,40±1,0 (g) e 22,60±1,00 (g) com peso correspondente de isolados puros fraccionados do extrato obtido por cromatografia em coluna de 13,00±1,00, 7,20±1,00, 8,80±1,00 e 10,30±1,00 (ml). Os resultados da análise fitoquímica revelaram os componentes activos mais elevados de taninos, saponinas, alcalóides, flavonóides, glicosídeos cardíacos e terpenóides nos extractos metanólicos, ao passo que o açúcar redutor, o fenol e os flobataninos estavam ausentes. Utilizando métodos de difusão em ágar, os diferentes extractos brutos mostraram um efeito visível nos organismos de teste em comparação com os isolados puros fraccionados dos extractos e o controlo positivo. Observou-se que os extractos metanólicos eram mais potentes do que outros extractos de solventes nas bactérias testadas com a concentração de 250mg/ml e 500mg/ml em S. typhi. O isolado puro fraccionado do extrato mostrou um diâmetro de zona de inibição mais elevado de 27,50±0,00 e 35,8±0,00 na concentração de 50 ml e 100 ml, respetivamente, em bactérias gram negativas e gram positivas, em comparação com a gama de controlo positivo de 34,00±1,00 a 49,20±1,00. A concentração bactericida mínima (CBM) dos isolados puros brutos e fraccionados mostrou eficácia tanto em S. typhi como em S. aureus na concentração de 250 mg/ml e 500 mg/lm, 50 ml e 100 ml, respetivamente. O MRSA mostrou um rápido declínio no crescimento de S. typhi e um pouco mais de tempo em S. aureus após o período de 4h e 12 h na concentração de 25 mg/ml, 500mg/ml, 50 ml e 100ml de isolados puros brutos e fraccionados do extrato da planta. Assim, os resultados indicam que os isolados puros fraccionados dos extractos foram significativamente mais elevados do que os extractos brutos a um nível de significância de 0<0,5 em comparação com o controlo positivo; isto pode dever-se ao sinergismo. A descoberta conclui, portanto, que a Calotropis procera contém uma fonte potencial de compostos bioactivos que podem ser utilizados no tratamento da febre tifoide e de infecções de feridas.

Palavras chave: Calotropis, procera, folha, extrato, fitoquímico, antibacteriano.

INTRODUÇÃO

As plantas medicinais são parte integrante da sociedade humana para combater doenças desde os primórdios da civilização. As plantas medicinais ocupam um lugar importante na farmacopeia africana (Cowas e Steel, 1992). As plantas medicinais intensificaram-se devido ao potencial terapêutico diversificado que estas plantas medicinais possuem. A avaliação de plantas na medicina tradicional dá-nos pistas sobre como estas partes de plantas podem ser usadas como agentes antimicrobianos contra muitos agentes patogénicos (Aderotimi e Samuel, 2006). A utilização de extractos de plantas e físico-químicos conhecidos pelas suas propriedades antimicrobianas pode ser de grande importância em tratamentos terapêuticos (Ugoh et al., 2014). Muitas plantas têm sido utilizadas devido às suas características antimicrobianas que são devidas aos metabolitos secundários que contêm. A Calotropis procera, localmente designada por planta Fucheku, é utilizada em muitos países africanos por praticantes de medicina tradicional para o tratamento de várias doenças, incluindo doenças bacterianas (Doughari, 2006).

Em África, a C. procera é amplamente utilizada na medicina tradicional para tratar uma variedade de doenças, incluindo malária, epilepsia e doenças infecciosas (Doughari, 2006). A febre tifoide e as infecções de feridas têm sido um problema e são o campo da medicina há muito tempo (Jimba et al., 2023). A presença de materiais estranhos aumenta o risco de infeção grave, mesmo com inóculos bacterianos relativamente pequenos. Os avanços no controlo das infecções não erradicaram completamente este problema devido ao desenvolvimento de resistência aos medicamentos. A utilização generalizada de antibióticos, juntamente com o período de tempo durante o qual estiveram disponíveis, conduziu a grandes problemas de organismos multirresistentes que contribuem para a morbilidade e a mortalidade (Lamorde et al., 2010; Idowu et al., 2010).

No Benim, as doenças infecciosas são o principal problema de saúde pública (Ahoyo et al., 2019). Estas doenças infecciosas são frequentemente causadas por agentes patogénicos microbianos. Para controlar os agentes patogénicos envolvidos nas doenças infecciosas, é implementada a terapia antibiótica atualmente utilizada (Okwori et al., 2010). Infelizmente, o fenómeno da resistência é uma causa crescente de insucesso do tratamento. Uma das opções continua a ser encontrar uma solução local e natural, como a utilização de plantas, para atenuar estes problemas de saúde. Entre as plantas potenciais, a C. procera foi identificada e utilizada devido às suas propriedades medicinais relativamente a perturbações gástricas e doenças de origem alimentar (Kaboré, et al., 2014).

Atualmente, em muitas partes do mundo em desenvolvimento, entre 70 e 95% das pessoas continuam a depender das plantas como forma primária de medicina, e muitos países integraram os medicamentos tradicionais à base de plantas, através de regulamentos, nos sistemas de saúde convencionais (OMS, 2003). Os medicamentos à base de plantas também continuam a constituir uma componente fundamental dos cuidados de saúde interculturais, englobando abordagens biomédicas e médicas tradicionais, em comunidades minoritárias e carenciadas (Vandebroek et al., 2013), o que prova que a medicina tradicional ainda tem um potencial inexplorado. No entanto, o principal problema dos tratamentos tradicionais, especialmente os baseados em plantas, é a falta de conhecimentos científicos sobre a eficácia, o modo de ação, os ingredientes activos, as doses a administrar, as indicações, a falta de propriedades, a segurança e o controlo de qualidade. Por conseguinte, o presente estudo tem por objetivo avaliar o conhecimento indígena no tratamento da febre tifoide e da infeção de feridas utilizando extractos de folhas de Calotropis procera contra microrganismos gram-negativos e gram-positivos seleccionados.

METODOLOGIA ÁREA DE ESTUDO

O estudo foi efectuado na Universidade de Abuja. Abuja é uma parte do Território da Capital Federal (FCT). O território está situado a norte da confluência dos rios Níger e Benue. Faz fronteira com os Estados do Níger a oeste e a norte, com Kaduna a nordeste e a sul e com Kogi a sudoeste (Wikipédia, 2014). O Território da Capital Federal situa-se entre a latitude 8,25 e 9,20 a norte do equador e a longitude 6,45 e 7,39 a leste do Meridiano de Greenwich. Abuja está geograficamente localizada no centro do país, com uma massa terrestre de aproximadamente $7.315 \ km^2$, dos quais 275,3 km2 são ocupados pela cidade atual. Está situada na região da savana com condições climáticas moderadas (Wikipédia, 2014).

Amostra de plantas

As amostras frescas de plantas (folhas) de Calotropis procera foram recolhidas em Odulo, no Governo Local de Bassa, Estado de Kogi. As plantas foram transportadas com efeito imediato para o Departamento de Botânica da Universidade de Abuja, onde foram identificadas e autenticadas pelo herbário do Departamento. Parte da amostra da planta foi depositada no herbário para efeitos de referência, tendo as restantes amostras sido levadas para o departamento de microbiologia da Faculdade de Ciências da Universidade de Abuja.

Preparação dos extractos

Para cada um dos extractos metanólico, etanólico, n-hexano e aquoso da planta, 250 g de amostras finamente pulverizadas foram maceradas com cerca de 99% de metanol, etanol, n-hexeno e aquoso durante 24 horas (N'Guessan et al., 2007). Após a fermentação à temperatura ambiente, a mistura foi filtrada com papel de filtro e concentrada num banho de água à temperatura de 45^0 C - 55^0 C para manter o metabolito secundário presente na planta até se obterem os extractos brutos. Estes extractos brutos foram utilizados para avaliação fitoquímica, cromatografia em camada fina, cromatografia em coluna e suscetibilidade antibacteriana.

Ensaio antibacteriano

O ensaio antibacteriano foi efectuado utilizando o método modificado por Trease e Evans (1989). Os extractos brutos e os isolados puros fraccionados obtidos por cromatografia em coluna e o antibiótico de controlo (ciprofloxacina) foram utilizados contra Staphylococcus aureus, Bacillus subtile, S. typhi e Pseudomonas aeruginosa. Os isolados bacterianos utilizados para o estudo foram cultivados no Laboratório de Microbiologia da Universidade de Abuja. Os isolados foram analisados morfologicamente, microscopicamente e foram efectuados testes bioquímicos. Todos os isolados foram mantidos à temperatura de 4^0 C em placas de ágar nutriente.

Preparação do inóculo

Foi utilizado o método de referência padrão da American Type Culture Collection. Foi colhida uma amostra do organismo testado das respectivas lâminas de ágar nutriente e efectuada uma subcultura em tubos de ensaio contendo ágar nutriente. Os tubos de ensaio foram dispostos em fila e incubados durante a noite à temperatura de 370C. As bactérias obtidas foram padronizadas utilizando solução salina normal, que não tem quaisquer efeitos de alteração, mas foi utilizada para obter uma densidade uniforme da população de bactérias.

Padronização dos extractos vegetais

Cinco tubos de ensaio foram etiquetados de 1 a 5. No primeiro tubo de ensaio, foi preparada uma solução de concentração de reserva de 500 mg/ml de cada um dos extractos. Cerca de 5 ml de Dimetilsulfóxido (DMSO$_4$), que não tem qualquer efeito antibacteriano, foram utilizados para dissolver cada um dos extractos e foram depois introduzidos nos restantes quatro tubos de ensaio. O conteúdo do primeiro tubo de ensaio foi bem misturado. Retiraram-se 5 ml e adicionaram-se ao segundo tubo de ensaio, que foi bem misturado para obter uma concentração uniforme de 250 mg/ml. Retiraram-se mais 5 ml do segundo tubo de ensaio e introduziram-se no terceiro tubo de ensaio, agitando-se vigorosamente para obter uma concentração de 125 mg/ml. Retiraram-se também 5 ml do tubo de ensaio e adicionaram-se ao último tubo de ensaio, agitando-se vigorosamente para obter uma concentração de 62,5 mg/l. No entanto, foram também retirados 5 ml do último tubo de ensaio e deitados fora.

Preparação de meios e zona de inibição

O método de difusão em ágar foi utilizado para testar a atividade antimicrobiana do extrato metanólico, etanólico, n-hexano e aquoso de C. procera contra os isolados de bactérias patogénicas. De acordo com o método de Jensen et al. (2020), uma solução de reserva fresca do extrato metanólico, etanólico, n-hexano e aquoso de C. procera foi dissolvida em $DMSO_4$ (99,9%) com uma concentração fixa de 500 mg/mL para cada bactéria e depois diluída duas vezes para obter uma concentração em série de 500, 250, 125 e 62,5 mg/mL, respetivamente. Num formato de 96 poços, foi determinada a CIM para várias concentrações de extrato metanólico, etanólico, n-hexano e aquoso. 1 ml de cada isolado bacteriano ativo cultivado em ágar nutriente nos tubos de ensaio durante 24 h a 37 °C foi espalhado na superfície das placas de ágar Muller Hinton com 0,5 McFarland de turvação (correspondente a 106 CFU mL-1). Nos poços contendo diluições padrão de duas vezes do extrato metanólico, etanólico, n.hexano e aquoso em uma concentração final de µg/mL, as suspensões bacterianas foram ajustadas para 5 × 106 UFC mL-1 em caldo Mueller-Hinton (MH). As placas foram incubadas a 37 °C durante 18-24 h com agitação (300 rpm). Todas as experiências foram efectuadas em triplicado. A CIM foi definida como a concentração de extrato metanólico, etanólico, n-hexano e aquoso dissolvido em $DMSO_4$ que inibiu o crescimento das bactérias testadas. A leitura da CIM foi efectuada medindo o diâmetro da zona com uma régua métrica (Ugoh et al., 2014). A MBC do extrato metanólico, etanólico, n-hexano e aquoso, respetivamente, foi realizada em organismos de teste gram-negativos e gram-positivos em comparação com o controlo positivo. A concentração inibitória mínima correspondente mais elevada e as concentrações imediatamente superiores designadas (CIM , CIM_{12} e CIM_3) foram objeto de subcultura de duas formas. Em primeiro lugar, a CIM , a CIM_{12} e a CIM_3 foram subcultivadas em tubos de ensaio contendo ágar caldo e incubadas para detetar a presença de turvação. Em segundo lugar, foi efectuada uma subcultura em placas de Petri com ágar Mueller-Hinton. As placas foram incubadas durante 24 horas a 37^0 C. O CBM foi determinado e definido após 24 horas de incubação como a concentração mais baixa que inibiu o crescimento visível da subcultura e a CIM_1 e a CIM_4 que não apresentou crescimento significativo na placa.

Teste de Staphylococcus aureus resistente à meticilina (MRSA)

Os testes de Staphylococcus aureus resistentes à meticilina foram cultivados durante a noite a 37 °C em caldo nutriente n.º 2 (Oxoid, CM0067) e diluídos em soro fisiológico (NaCl a 0,9%) para atingir a turvação de 0,5 McFarland. As suspensões bacterianas foram ajustadas para 10^6 CFU mL^{-1} em BHI contendo 75 e 150 mg/mL de isolados puros de extrato metanólico num volume final de 500 mL e incubadas a 37 °C com arejamento (150 rpm). As contagens de células foram determinadas através de diluição seriada de dez vezes em ágar nutriente a cada hora durante as primeiras 4 horas e 24 horas depois (Leila et al., 2023). As experiências foram efectuadas em duplicado. A CIM das culturas nocturnas foi determinada para uma das experiências em duplicado para determinar a suscetibilidade após uma exposição prolongada. O MRSA pode ser determinado permitindo que as concentrações imediatamente superiores (CIM_1 e CIM_2) permaneçam inalteradas numa incubadora durante 72 horas e verifiquem se existe algum crescimento adicional (Ugoh et al., 2014).

ANÁLISE

Resultados e discussão

Quadro 1: Rendimento do extrato bruto e aspeto físico de Calotropis procera

Solvente	CE Rendimento (g)	FY(ml)	% de rendimento	Aspeto físico
Metanol	22.60±1.00	10.30±1.00	2.26±1.00	Castanho cristalino viscoso
Etanol	16.40±1.00	8.80±1.00	1.64±1.00	Castanho cristalino viscoso
n.ehaxano	12.30±1.00	7.20±1.00	1.23±1.00	Castanho cristalino viscoso
Aquoso	28.50±1.00	13.00±1.00	2.85±1.00	Semi-sólido preto profundo

Legenda: CE= extractos brutos, FY= rendimento fraccionado

Os valores da zona de inibição são medidos em (mm) de três réplicas ± desvio padrão (DP), P<0,05

Quadro 2: Rastreio fitoquímico do extrato de Calotropis procera

Sec. Metabolito	N-heE	MeE	EtE	AqE
Taninos	+	+	+	+
Saponinas	+	+	+	+
Alcalóides	+	+	+	+
Esteróides	-	+	-	-
Flavonóides	+	+	+	+
Glicosídeo cardíaco	+	+	+	-
Antraquinona	-	-	-	-
Reduzir o açúcar	-	-	-	-
Terpenóides	-	+	+	+
Fenóis	-	-	-	-

Flobatanina **Legenda:** Sec = metabolito secundário, N-heE= extrato de n-hexano, MeE= extrato metanólico, EtE= extrato etanólico, AqE= extrato aquoso, - = ausente, += presente

Tabela 3: Atividade antibacteriana de extractos brutos contra organismos de teste

Extractos	N-heE	MeE	EtE	AqE	PC: Cipro
B. subtilis 62,5 mg/ml	0.00±0.00	0.00±0.00	16.10±0.00	0.00±0.00	13.30±4.00
125 mg/ml	0.00±0.00	7.60±0.00	18.00±1.00	0.00±0.00	30.10±0.00
250 mg/ml	0.00±0.00	14.00±0.00	15.10±0.00	17.20±0.11	35.00±1.00
500 mg/ml	6.00±2.00	19.00±0.00	15.30±0.00	20.30±4.00	40.30±4.00
S. typhi 62,5 mg/ml	9.33±0.00	10.50+0.00	0.00+0.00	12.00+0.00	15.00±0.00
125 mg/ml	13.02±0.00	16.22±0.00	18.00±0.00	20.00±0.00	20.00±0.00
250 mg/ml	20.00±0.00	25.00±1.00	20.50±1.00	22.30±1.00	34.00±0.00
500 mg/ml	29.70±0.00	33.80±0.00	25.10±1.00	28.80±0.20	49.20±0.00
S. aureus 62,5 mg/ml	0.60±0.00	2.20±1.00	2.10±1.20	9.00±0.00	17.60±0.00
125 mg/ml	5.60±0.00	4.80±1.00	10.20±1.00	13.00±0.00	20.60±0.00
250 mg/ml	14.00±1.00	9.20±0.00	13.20±0.00	18.30±1.00	25.60±0.00
500 mg/ml	18.10±0.00	14.70±0.00	22.30±0.00	31.00±0.00	39.90±0.00
P. aeruginosa					
62,5 mg/ml	7.60±0.00	1.20±1.00	2.0±1.20	9.00±0.00	11.20±0.00
125 mg/ml	10.60±0.00	9.80±1.00	11.2±1.00	12.00±0.00	16.10±0.00
250 mg/ml	11.00±1.00	9.20±0.00	17.30±0.00	21.30±1.00	25.60±0.00
500 mg/ml	21.10±0.00	14.70±0.00	22.30±0.00	27.00±0.00	37.90±0.00

Legenda: Sec = metabolito secundário, N-heE= extrato n-hexano, MeE= extrato metanólico, EtE= extrato etanólico, AqE= extrato aquoso, - = ausente, + = presente, PC= Controlo positivo, Cipro= Ciprofloxacina

Os valores do diâmetro da zona de inibição são medidos em (mm) de três réplicas ± desvio padrão (DP), P<0,05

Tabela 4: Atividade antibacteriana de isolados puros fraccionados contra o teste

organismo					
Extractos	N-heF	MeF	EtF	AqF	PC: Cipro
B. subtilis					
12,5 ml	0.00±0.00	4.00±1.00	10.10±0.00	0.00±0.00	13.30±4.00
25 ml	0.00±0.00	7.90±3.00	14.00±1.00	11.00±0.00	30.10±0.00
50 ml	0.00±0.00	20.00±0.00	15.10±0.00	18.20±0.11	45.00±1.00
100 ml	16.00±2.00	21.00±0.00	25.30±0.00	20.30±4.00	12.30±4.00
S. typhi					
12,5 ml	0.00±0.00	18.00±0.00	9.90±0.00	0.00±0.00	10.00±0.00
25 ml	10.20±0.00	22.20±0.00	16.00±4.00	11.00±2.22	20.00±0.00
50 ml	20.00±0.00	27.50±0.00	22.50±0.00	20.30±1.00	35.10±0.00
100 ml	29.70±0.00	35.80±0.00	30.10±1.00	26.80±0.20	44.20±0.00
S. aureus					
12,5 ml	1.20±0.00	3.50±1.00	22.2±1.20	29.00±0.00	7.60±0.00
25 ml	6.60±0.00	7.40±1.00	20.2±1.00	23.00±0.00	12.60±0.00
50 ml	14.00±1.00	9.20±0.00	13.30±0.00	18.30±1.00	35.60±0.00
100 ml	18.10±0.00	14.70±0.00	22.30±0.00	31.00±0.00	40.90±0.00
P. aeruginosa					
12,5 ml	0.00±0.00	4.50±1.00	2.10±1.20	10.00±0.00	6.10±0.00
25 ml	0.00±0.00	9.0±1.00	10.20±1.00	13.00±0.00	22.20±0.00
50 ml	6.90±1.00	9.20±0.00	13.30±0.00	28.30±1.00	25.60±0.00
100 ml	12.20±1.00	14.70±0.00	22.30±0.00	31.00±0.00	39.90±0.00

Legenda: Sec = metabolito secundário, N-heF= extrato fraccionado em n-hexano, MeF= extrato metanólico fraccionado, EtF= extrato etanólico fraccionado, AqF= extrato aquoso fraccionado, PC= Controlo Positivo, Cipro= Ciprofloxacina.

Os valores do diâmetro da zona de inibição são medidos em (mm) de três réplicas±desvio padrão (DP), P<0,05

Tabela 5: Concentração bactericida mínima (CBM) de extractos brutos contra Streptococcus mutans

Extractos	MIC1	MIC2	MIC3	PC: Cipro
B. subtilis				
62,5 mg/ml	+	+	+	+
125 mg/ml	+	+	+	-
250 mg/ml	+	+	+	-
500 mg/ml	-	+	+	-
S. typhi				
62,5 mg/ml	+	+	+	-
125 mg/ml	-	+	+	-
250 mg/ml	-	-	+	-
500 mg/ml	-	-	-	-
S. aureus				
62,5 mg/ml	+	+	+	+
125 mg/ml	+	+	+	+
250 mg/ml	-	+	+	-
500 mg/ml	-	-	+	-
P. aeruginosa				
62,5 mg/ml	+	+	+	-
125 mg/ml	+	+		-
250 mg/ml	+	+	+	-
500 mg/ml	-	+	+	-
Chave: MIC1 = elevado	concentração de inibidores, MIC2		= Inibitório moderado	

concentração inibitória baixa, MIC_3 = concentração inibitória baixa, - = ausência de turvação, + = presença de turvação, PC= Controlo positivo, Cipro= Ciprofloxacina.

DISCUSSÃO

Na presente investigação, foram estudados os componentes activos que são o metabolito secundário da Calotropis procera. A cromatografia em coluna e a cromatografia em camada fina e o rastreio antibacteriano do extrato de folhas de equeous, metanol, n.hexano e etanol foram utilizados para extrair a planta para extractos brutos. Os isolados puros fraccionados obtidos da cromatografia em coluna utilizando diferentes proporções de solvente e os extractos brutos foram testados contra alguns agentes patogénicos seleccionados, microrganismos tais como P. aeruginosa, S. typhi, S. aureus e B. subtile. Duzentos e cinquenta (250) gramas do extrato seco pulverizado foram pesados para cada extração por solvente e 28,50±1,00, 12,30±1,00, 16,40±1,0 (g) e 22,60±1,00, respetivamente, com peso correspondente de isolados puros fracionados do extrato obtido por cromatografia em coluna de 13,00±1,00, 7,20±1,00, 8,80±1,00 e 10.A Tabela (2) mostra os resultados da análise fitoquímica, que revelou que saponinas, taninos, alcalóides, flavonóides e glicosídeos cardíacos estavam presentes nos extractos de n.hexano, ao passo que açúcar redutor, esteróides, antroquinona, terpenóides, fenol e flobataninos estavam ausentes nos extractos de plantas de n.hexano. Os extractos metanólicos revelaram os componentes activos mais elevados de taninos, saponinas, alcalóides, flavonóides, glicosídeos cardíacos e terpenóides nos extractos metanólicos, ao passo que o açúcar redutor, o fenol e os flobataninos estavam ausentes. Os extractos etanólicos revelaram a presença de saponinas, taninos, alcalóides, flavonóides, terpenóides e glicosídeos cardíacos, ao passo que o açúcar redutor, os esteróides, a antroquinona, o fenol e os flobataninos estavam ausentes. Do mesmo modo, nos extractos aquosos, estavam presentes saponinas, taninos, alcalóides e terpenóides, ao passo que o açúcar redutor, os esteróides, os flavonóides, os terpenóides, o fenol e o glicosídeo cardíaco estavam ausentes. Este resultado está de acordo com Peni et al. (2010). A Tabela 3 mostrou a atividade antibacteriana dos extractos brutos contra organismos de teste. O extrato bruto de nhexano apresentou um diâmetro de zona de inibição de 6,00±2,00 em B. subtile, 9,33±0,00, 13,02±0,00, 20,00±0,00 e 29,70±0,00 em S. typhi, 0,60±0,00, 5,60±0,00, 14.00±1.00 e 18.10±0.00 em S. aureus, 7.60±0.00, 10.60±0.00, 11.00±1.00 e 21.10±0.00 em P. aeruginosa em diferentes concentrações de 62.5, 125 mg/ml, 250 mg/ml e 500 mg/ml. Os resultados dos extractos brutos metanólicos mostraram o diâmetro médio da zona de inibição de 7,60±0,00, 14,00±0,00 e 19,00±0,00 em B. subtilis, 10,50±0,00, 16,22±0,00, 25.00±1,00 e 33,80±0,00 em S. typhi, 2,20±1,00, 4,80±1,00, 9,20±0,00 e 14,70±0,00 em S. aureus, 1,20±1,00, 9,80±1,00, 9,20±0,00 e 14,70±0,00 em P. aeruginosa. O resultado dos extractos brutos etanólicos mostrou o diâmetro médio da zona de inibição de 16,10±0,00, 18,00±1,00, 15,10±0,00 e 15,30±0,00 em B. subtilis, 18,0±1,00, 20.50±1.00 e 25.10±1.00 em S. typhi, 2.10±1.20, 10.20±1.00, 13.20±0.00 e 22.30±0.00 em S. aureus; 2.0±1.20, 11.2±1.00, 17.30±0.00 e 22.30±0.00 em P. aeruginosa. O resultado dos extractos brutos aquosos mostrou o diâmetro médio da zona de inibição de 0,00±0,00, 0,00±0,00, 17,20±0,11 e 20,30±4,00 em B. subtilis, 12,00±0,00, 20,00±0,00, 22.30±1,00 e 28,80±0,20 em S. typhi; 9,00±0,00, 13,00±0,00, 18,30±1,00 e 31,00±0,00 em S. aureus; 9,00±0,00, 12,00±0,00, 21,30±1,00 e 31,00±0,00 em P. aeruginosa. Observou-se que os extractos metanólicos eram mais potentes do que outros extractos nas bactérias testadas com o diâmetro médio da zona de inibição de 25,00±0,00 e 33,80±0,00 na concentração de 500mg/ml em S. typhi. A partir da tabela 4, o isolado puro fraccionado do extrato mostrou um diâmetro de zona de inibição mais elevado de 27,50±0,00 e 35,8±0,00 na concentração de 50 ml e 100 ml, respetivamente, em S. typhi, em comparação com a gama de controlo positivo de 34,00±1,00 e 49,20±1,00. A concentração bactericida mínima (CBM) dos isolados puros em bruto e fraccionados mostrou eficácia tanto em S. typhi como em S. aureus na concentração de 250 mg/ml e 500 mg/lm, 50 ml e 100 ml, respetivamente. A indicação acima, a partir dos métodos de difusão em ágar, os diferentes extractos brutos mostraram um efeito visível nos extractos brutos quando comparados com os isolados puros fraccionados dos extractos e o controlo positivo. Isto, confirmando a afirmação de que diferentes extractos de solventes da mesma planta têm propriedades farmacológicas diferentes. O solvente aquoso é o mais utilizado pelos curandeiros tradicionais para extrair compostos farmacologicamente activos devido à sua fácil disponibilidade (Shale et al., 1999). Os resultados do Teste de Staphylococcus Aureus Resistente à Meticilina (MRSA) mostraram um pouco mais de tempo de declínio em S. aureus dentro de 12 h na concentração de 250 mg/ml, 500mg/ml, 50 ml e 100ml de extractos puros brutos e fraccionados após um período de incubação durante a noite. Hashim et al. (2017) relataram um declínio dependente do tempo no caso de S. aureus, com uma redução de 90% alcançada dentro de 8 h de exposição ao óleo essencial de extrato vegetal de Cymbopogon schoenanthus. A partir dos resultados das descobertas sobre MRSA, entre os organismos de teste utilizados, S. typhi revelou um tempo muito rápido de declínio na concentração de 250 mg/ml, 500 mg/ml, 50 ml, e 100 ml de extractos brutos e fraccionados dentro de 4 h do período de incubação. Seguiu-se uma redução consistente no crescimento de S. typi até se estabelecer um estado constante de zonas de inibição como referência. O S. typhi mostrou menos MRSA em concentrações comparadas com o S. aureus que declinam às 12 h, o que é uma indicação de que os extractos de folhas da planta Calotropis procera têm efeitos bacteriostáticos nas bactérias de teste. Assim, os resultados deduziram que o isolado puro fraccionado dos extractos foi significativamente mais elevado do que os extractos brutos a um nível de significância de 0<0,5 em comparação com o controlo positivo; isto pode dever-se ao sinergismo do solvente. A descoberta conclui, portanto, que a planta Calotropis procera contém uma fonte potencial de compostos bioactivos que podem ser utilizados no tratamento da febre tifoide e de infecções de feridas.

REFERÊNCIAS

Aderotimi, B. Samuel, A. (2006). Rastreio fitoquímico e avaliação antimicrobiana de abotilon manuntinun, bacopamnifera e Daura stramonium. Journal of Biochemistry, 18: 39-44.

Ahoyo, C.C., Houehanou, T.D., Yaoitcha, A.S., Prinz, K., Kakai, G. R., Sinsin, B.A. e Houinato, M.R.B. (2019). Conhecimento medicinal tradicional para espécies lenhosas à escala nacional através de diferentes zonas climáticas no Benim (África Ocidental). Jornal de Etnofarmacologia, 20 (5):2301-2320.

Cowas, S.T. e Steel, R.J. (1992). Manual for the identifications of medical bacteria. University press Cambridge, 3rd (Edn), pp 94-164.

De, M.A., Krishina, D. e Benerjee, A.B. (1999). Rastreio antimicrobiano de algumas espécies indianas. Espécies. Phytother. Res., 13: 616-618.

Doughari, J.H. (2006). Atividade antimicrobiana de tamarindus indicalinn. Tropical Journal Pharmaceutical Research, 2(2) 5-597.

El-Olemyl, M.M., Al-Muhtadi, F.J. e Afifi, A.A. (1994). Experimental Phytochemistry. A laboratory manual college of pharmacy, king Saud University Press, 1-134.

Franklin, T.J., Snow, G.A., Berrettzee, K.J. e Nolan, R.D. (1989). Biochemistry of Antimicrobial Action (Bioquímica da ação antimicrobiana). 4th edition. Chapman and Hall London. Nova Iorque, 73-135.

Fransworth, N.R. (1994). Ethnopharmacology and Drug discovery. Simpósio da Fundação InCiba 185. Wiley, Chichester, 42-59.

Hashim, G.M., Almasaudi, S,B., Azhar, E., Al-Jauni, S.K.,S. e Harakeh, S. (2017). Atividade biológica do óleo essencial de Cymbopogon schoenanthus. Saudi Journal of Bilogical Science, 24(1) 1458-1464.

Hogreu I (1999). Medicinal Plants are Emerging Health Aid Inter. J. Biotechnol, 2: 963-966.

Hugo, W.B. e Russel, A.D. (1983). Pharmaceutical Microbiology, 3rd edition,

Black Well Scientific Publication, 167.

Idowu, O.A., Soniran, O.T., Ajana, O. e Aworinde, D.O. (2010). Levantamento etnobotânico de plantas anti-maláricas utilizadas no estado de Ogun, sudoeste da Nigéria. Jornal Africano de Farmácia e Farmacologia 4(2):55-60

Jansen, C.H., Vestergaard, M., Dalsgaaard, A., Frees, D. e Leisner, J.J. (2020) A nisina danifica a membrana septal e desencadeia a condensação do ADN no Staphylocuccus aureus Front resistente à meticilina. Jornal de Microbiologia 11-1007

Jimba, R. A., Egbenoma, A., Aigboeghian, P. e Ugoh, S. C. (2023) Antibacterial Susceptibility of bacteria Isolated from Wound Swab of Patient Receiving Medication in University Teaching Hospital. Trabalho não publicado enviado para avaliação.

Kaboré, S.A., Hien, M., Ouédraogo, D., Diallo, T.R.E., Hahn, K. e Nacro, H.B. (2014). Utilização dos serviços ecossistémicos de Sarcocephalus latifolius (Sm.) E. A. Bruce e efeito induzido da pressão humana sobre a espécie na região sudoeste do Burkina Faso. Investigação e Aplicações Etnobotânicas 12:561-570

Lamorde, M., Tabuti, J.R.S., Obua, C., Kukunda-Byobona, C., Lanyero, H., Byakika-Kibwika, P., Bbosa, G.S., Lubega, A., Ogwal-Okeng, J., Ryan, M., Waako, P.J. e Merry, C. (2010). Plantas medicinais utilizadas por praticantes de medicina tradicional para o tratamento do VIH/SIDA e doenças relacionadas no Uganda. Jornal de Etnofarmacologia 130(1):43-53

Leile, M.M., Innam, A. S., Setah, N.A., Eman, A.A., Maha, M.A. e Ayidah, O.D. (2023). Rastreio fitoquímico e atividade antimicrobiana de extractos metanólicos de Cymbopogon schoenanthus recolhidos em Afif, Arábia Saudita, National Library of Medicine 13(7), 1451-1466.

Matawalli, A., Geidam, I.P. e Hajjagana, L. (2004). Efeitos do extrato aquoso da casca do tronco de momordica balsamina linn nos electrólitos séricos e em alguns parâmetros hematológicos em ratos normais e alimentados com álcool. Pakishian Journal of Biological Science, 7: 1430-1432.

N'Guessan, J.D., Bidie, A.P., Lenta, B.N., Weniger, B., Andrew, P. e Guede-Guina, F. (2007). Ensaios in vitro para isolamento guiado por bioatividade de compostos anti-Salmonella e antioxidantes em flores de Thonningia sanginea.

Jornal Africano de Biotecnologia 6:1685-1689

Okwori, A.E.J., Okeke, C.I., Uzoechina, A., Etukudoh, N.S., Amali, M.N., Adetunji, J.A. e Olabode, A.O. (2008). O potencial antibacteriano da Nauclea latifolia. Jornal Africano de Biotecnologia 7(10):1394-1999.

Peni, I.J., Yusuf, H., Agaie, B.M., Itodo, U.A., Chogo, E., Elinge, C.M. e Mbongo, A.N. (2010).Phytochemical screening and antibacterial activity of Parinari curatellifolia stem extract. Jornal de Investigação de Plantas Medicinais. 4(20), pp. 2099-2102.

Qasem, J.R. e Abublan, H.A. (1996). Atividade fungicida de alguns extractos de ervas daninhas contra diferentes fungos patogénicos de plantas, Journal of Phytopathology, 44(3): 157-161.

Shale, T.L., Wa, A., Stirk, J. e Van Steden (1999). Triagem de plantas medicinais utilizadas no Lesoto para atividade antibacteriana e anti-inflamatória. Journal of Ethnopharmacological Research, 67: 347-354.

Springfield, E.P. e Weitz, F. (2006). O mérito científico de Carpobrotus mellei. Baseado na atividade antimicrobiana e no perfil químico. Jornal Africano de Biotecnologia, 5: 1289-1293.

Trease, C.E. e Evans, W.C. (1978). A textbook of pharmacognosy.11th edition Bailliere tindal London, p. 530.

Trease, C.E. e Evans, W.C. (1989). Pharmacognosy William Charles Evans 13th edition London, Baillere, TIndall, pp. 81-652.

Ugoh, S.C., Jimba, R.A., Fatokun, O. e Olajide O. (2014). Triagem fitoquímica e atividade antibacteriana do caule, raiz e folha do extrato de Parinari curatellifolia contra microrganismos selecionados. Revista Internacional de Química Avançada, 2(2), 178-181.

Vandebroek, A.J., Vanhoof, L., Totte, J., Lasure, A., Vanden, B.D., Rwangabo,

P.C. e Mvukiyumwami, J. (2013). Triagem de cem plantas medicinais ruandesas para propriedades antimicrobianas e antivirais. Jornal de Investigação Etnofarmacológica, 46: 31-47.

Wall, M.E., Krider, M.M, Krewson, C.F., Eddy, C.R., Wilaman, J.J., Correll, S. e Gentry, H.S. (1954). Steroidel Sapogenins x11 Supplementary table of data for steroidal sapogenins. Agricultural Research Service Circle, 363

ORGANIZAÇÃO MUNDIAL DE SAÚDE (OMS) (2003). DIETA, NUTRIÇÃO E PREVENÇÃO DE DOENÇAS CRÓNICAS. WHO TECHNICAL REPORT SERIES; 916, GENEBRA, SUÍÇA, 160 PP.HTTP://APPS.WHO.INT/IRIS/BITSTREAM/1065/42665/1/WHO_TRS_916.PDF

RESUMO

Esta investigação examinou a sensibilidade antibacteriana de bactérias isoladas de infecções de feridas. Foram recolhidas dez amostras com uma zaragatoa. A partir dos isolados desta investigação, foram identificadas bactérias Gram positivas e Gram negativas; estas incluem Staphylococcus aureus, Staphylococcus epidermidis, Enterococci, Escherichia coli, Pseudomonas aeruginosa, Klebsiella pneumoniae e espécies de Enterobacter. Estes organismos são de importância para a saúde pública. O resultado da suscetibilidade revelou que a ofloxacilina e a ciprofloxacina foram eficazes contra bactérias Gram positivas. A amicacina, a ciprofloxacina, a ceftriaxona e a norflaxacina foram eficazes contra as bactérias Gram negativas, pelo que o estudo indica que as bactérias Gram negativas são mais susceptíveis aos antibióticos do que as bactérias Gram positivas. A multirresistência antimicrobiana (AMR) foi mais elevada entre as bactérias Gram positivas do que entre as bactérias Gram negativas. O tratamento da infeção de feridas continua a ser uma preocupação significativa para os cirurgiões e médicos numa unidade de cuidados de saúde. O problema foi ampliado devido à resistência desenfreada e em rápida expansão à gama de agentes antimicrobianos disponíveis. Por conseguinte, o estudo recomenda a administração de vários fármacos a doentes que sofram de infeção de feridas, causada por queimaduras, acidentes ou de qualquer outro tipo.

Palavras-chave: Antimicrobianos, Sensibilidade, Microrganismos, Ferida, Isolados, Infeção da Ferida.

INTRODUÇÃO

Ao longo dos anos, as infecções de feridas são uma das infecções adquiridas no hospital mais comuns e constituem uma causa importante de morbilidade, sendo responsáveis por 70-80% da mortalidade, que pode ser causada por diferentes grupos de microrganismos, como bactérias, fungos e protozoários. No entanto, podem existir diferentes microrganismos em comunidades polimicrobianas, especialmente nas margens das feridas e em feridas crónicas. O microrganismo infetante pode pertencer tanto ao grupo aeróbio como ao anaeróbio. Os microrganismos aeróbios mais frequentemente isolados incluem Staphylococcus aureus, estafilococos coagulase-negativos, enterococos, Escherichia coli, Pseudomonas aeruginosa, Klebsiella pneumoniae, espécies de Enterobacter, Proteus mirabilis, Candida albicans e Acinetobacter [1].

As infecções de feridas têm sido um problema e são o campo da medicina desde há muito tempo. A presença de materiais estranhos aumenta o risco de infeção grave, mesmo com inóculos bacterianos relativamente pequenos. Os progressos no controlo das infecções não erradicaram completamente este problema devido ao desenvolvimento de resistência aos medicamentos. A utilização generalizada de antibióticos, juntamente com o período de tempo durante o qual estiveram disponíveis, conduziu a grandes problemas de organismos resistentes que contribuem para a morbilidade e a mortalidade. Assim, a resistência antimicrobiana pode aumentar as complicações e os custos associados aos procedimentos e ao tratamento. As infecções das feridas são uma das complicações mais importantes e potencialmente graves que ocorrem no período agudo após a lesão, que são subsequentemente colonizadas com microrganismos, incluindo bactérias gram-positivas, bactérias gram-negativas e leveduras, que derivam da flora normal do hospedeiro (flora gastrointestinal, flora respiratória superior) e do ambiente hospitalar [2]. Os microrganismos também podem ser transferidos para a superfície da pele de um doente através do contacto com superfícies ambientais externas contaminadas, água, fómites, ar, tratamentos de hidroterapia e mãos sujas dos profissionais de saúde. O risco de infeção invasiva da ferida é influenciado pela extensão e profundidade da lesão por queimadura, por vários factores do hospedeiro e pela quantidade e virulência da flora microbiana que coloniza a ferida. Os agentes patogénicos mais comuns das queimaduras são a Pseudomonas aeruginosa, a Klebsiella spp. e o Staphylococcus aureus, que produzem vários factores de virulência que são importantes na patogénese da infeção invasiva [3]. As feridas, especialmente as causadas por queimaduras, são as lesões mais devastadoras e os doentes com queimaduras podem sofrer das suas complicações para o resto das suas vidas. Apesar dos recentes avanços nos cuidados a prestar aos queimados, ainda se regista uma elevada mortalidade e uma morbilidade significativa em termos de complicações associadas às queimaduras. Nos países em desenvolvimento, ocorrem mais de 90% das queimaduras fatais provocadas pelo fogo, mais de metade das quais só no Sudeste Asiático. Os dados recolhidos em diferentes zonas do mundo mostram que 75% das mortes de doentes queimados se devem a infecções das feridas de queimadura. Mais de 10.000 africanos morrem todos os anos devido a infecções associadas a queimaduras. Isto implica que as infecções de feridas causadas por queimaduras são casos graves em doentes com risco de vida, para os quais este estudo tende a procurar antibióticos sensíveis. Assim, a barreira cutânea é a proteção natural para impedir a entrada de organismos patogénicos no corpo. A destruição da barreira cutânea proporciona um local de entrada favorável para as bactérias invadirem e crescerem. A sépsis da ferida continua a ser o resultado mais perigoso em doentes que sofreram queimaduras graves e conduz a uma mortalidade esmagadora entre os doentes com feridas de queimaduras extensas. De acordo com a investigação realizada por Mulugeta e Bayeh (2011), afirmaram que as feridas de queimaduras serão quase inevitavelmente colonizadas por microrganismos no espaço de 24 a 48 horas e isto pode permanecer como uma infeção localizada. Além disso, pode ocorrer bacteremia ou septicemia e podem desenvolver-se infecções metastáticas noutros locais do corpo. Isto significa que a bacteriémia é uma causa comum de fatalidade em feridas graves, especialmente as causadas por queimaduras, e pode ocorrer em qualquer altura, desde o primeiro dia até ao momento em que todas as feridas estejam completamente cicatrizadas. Outros factores importantes responsáveis pela mortalidade nas vítimas de queimaduras são a perda de fluidos e de proteínas, o edema pulmonar e a pneumonia. A presença de grandes áreas de tecido desvitalizado e necrótico, juntamente com a profunda imunossupressão que normalmente se segue a grandes queimaduras, prepara o terreno para uma rápida proliferação microbiana nas feridas; quando os micróbios invadem os tecidos adjacentes, anteriormente viáveis, desenvolve-se uma sépsis invasiva da ferida de queimadura. Os medicamentos antimicrobianos tópicos têm provavelmente um papel limitado na prevenção da sépsis das feridas e, atualmente, surgem frequentemente organismos resistentes aos agentes tópicos habitualmente utilizados. As feridas causadas por lesões proporcionam locais favoráveis à colonização e ao crescimento de microrganismos adquiridos da flora indígena do próprio corpo, da flora do pessoal hospitalar ou da

ambiente que rodeia estes doentes. Imediatamente após a lesão, os tecidos queimados não contêm microorganismos. Dentro de 24 horas ocorre a colonização microbiana. Os organismos Gram positivos crescem primeiro, seguidos pela colonização de espécies Gram negativas. O problema previsto de mortalidade aumenta em 50% quando os organismos Gram negativos estão associados à bacteriémia em doentes queimados. O custo associado à gestão dos doentes queimados é também demasiado elevado, o que pode também contribuir para uma gestão incompleta e, consequentemente, ineficaz dos doentes queimados, contribuindo para o aparecimento de resistência nos agentes patogénicos [1]. O aumento da utilização e do uso indevido de antibióticos nos seres humanos, nos animais e na agricultura, juntamente com estratégias deficientes de controlo das infecções e alguns outros factores, têm sido apontados como responsáveis pelo aumento da resistência aos agentes antimicrobianos normalmente utilizados [1]. O presente estudo será realizado para determinar a suscetibilidade antimicrobiana de alguns isolados bacterianos comuns de feridas trocadas no Hospital Universitário da Universidade de Abuja, a fim de ajudar os decisores políticos na formulação de estratégias para a utilização racional e eficaz de agentes antimicrobianos. Isto poderá ajudar no controlo da propagação de genes de resistência a antibióticos na comunidade e na redução da morbilidade e mortalidade associadas a uma melhor gestão dos doentes com feridas. A profilaxia antibiótica está indicada em situações ou feridas com elevado risco de infeção, tais como: feridas contaminadas, feridas penetrantes, traumatismos abdominais, fracturas compostas, lacerações superiores a 5 cm, feridas com tecido desvitalizado e locais anatómicos de alto risco, como a mão ou o pé, etc. De acordo com Khameneh e Afshar, 2009; Rahman et al., 2002; Anguzu e Olila, (2007) recomendam que a profilaxia consista em penicilina G e metronidazol administrados uma vez [4]. Estas indicações aplicam-se a lesões que podem ou não exigir intervenção cirúrgica. Para ferimentos que requerem intervenção cirúrgica, a profilaxia antibiótica também está indicada e deve ser administrada antes da cirurgia, no período de 2 horas antes de a pele ser cortada. No entanto, os antibióticos desempenham um papel importante no tratamento das infecções bacterianas. Vários relatórios indicam um aumento da taxa de resistência bacteriana. No entanto, este presente estudo será importante para as seguintes pessoas: Clínicos; o Ministério da Saúde; o governo a nível mundial e o doente. O objetivo do estudo foi determinar os padrões de suscetibilidade de microrganismos isolados de zaragatoas de feridas de doentes no Hospital Universitário de Abuja, Gwagwalada Abuja.2. Material e Métodos2.1 Recolha de amostras e identificação Foram recolhidas amostras de dez (10) doentes com queixas de infeção de feridas com atraso e sem cicatrização. As amostras de feridas serão recolhidas utilizando uma zaragatoa de algodão estéril ou um bastão de zaragatoa, a superfície interna da área infetada foi esfregada suavemente e, em seguida, as zaragatoas foram transportadas para o laboratório de microbiologia para exame e rastreio de sensibilidade.2.2 Preparação e caraterização dos meiosDissolveram-se cerca de 19 g de ágar MacCkey em 38 ml de água destilada e, em seguida, esterilizou-se num autoclave a 121oC durante 15 minutos. Após a autoclavagem, o meio de ágar foi deixado arrefecer até 37oC antes de ser vertido nas placas de Petri estéreis, para evitar a condensação que pode provocar contaminação, tendo sido tomadas as precauções necessárias para evitar outras contaminações.2.3 Preparação dos inóculosPreparou-se uma alçada de cada organismo de teste utilizando o método de striking a partir do respetivo ágar e subcultura nas placas de Petri estéreis e incubou-se a 37oC durante 24 horas. Foram utilizadas culturas puras dos organismos de teste para o rastreio da sensibilidade.2.4 BacteriologiaNo laboratório, cada amostra foi inoculada em ágar MacConkey, ágar Nutriente e ágar Sangue. Os inóculos na placa foram semeados para obter colónias discretas com uma ansa de arame esterilizada. As placas de cultura foram incubadas a 37°C durante 24 horas e observou-se o crescimento através da formação de colónias. As bactérias serão isoladas e identificadas através de testes morfológicos, microscópicos e bioquímicos, seguindo os procedimentos padrão descritos por Sharma (2008).

1. 5 Teste de suscetibilidade a antibióticos O teste de suscetibilidade antimicrobiana foi efectuado em colónias isoladas e identificadas de bactérias Gram-negativas, utilizando discos de antibióticos preparados comercialmente (Span diagnostics) em placas de ágar nutriente pelo método de difusão em disco, de acordo com as directrizes do Central Laboratory Standards Institute (CLSI). Os antibióticos utilizados no nosso estudo foram a Ticarcilina/Ácido clavulânico, Meropenem, Levofloxacina, Moxifloxacina, Cefprozil, Cefirome, Ceftizoxima, Cefpodoxima, Cefoperazona ou Sulbactam, Sparfloxacina, Pipercilina ou Tazobactum, Gatifloxacina, Imipenem ou Cilastatina, amicacina

(10µg), gentamicina (10µg) e Tobramicina, Amoxicilina ou ácido clavulânico (30µg). Já para os organismos Gram-positivos, os antibióticos adicionais usados, diferentes dos mencionados acima, são clindamicina (5µg), oxacilina (1µg) e eritromicina (10µg). 2.6 Análise de dadosO método estatístico utilizado para analisar os resultados deste estudo foi a frequência, a média e o teste do qui-quadrado.

2. Testes bioquímicos para os isolados 3.1 Coloração de GramUma colónia pura foi espalhada e fixada na lâmina por secagem utilizando uma chama de um bico de Bunsen. Deixou-se arrefecer a lâmina e, em seguida, inundou-se com solução de violeta de cristal durante 30 segundos, seguida de solução de iodo de Gram durante 1 minuto, drenando depois o excesso de iodo por descoloração com acetona durante pelo menos 10 segundos e lavando depois com água. A contracoloração foi efectuada com fucsina básica e deixada em repouso durante 30 segundos. Seguiu-se a lavagem da lâmina e a secagem ao ar. A lâmina foi observada ao microscópio ótico a X40. Os bastonetes curtos que coraram de rosa avermelhado foram considerados gram negativos.3.2 Teste da catalaseO teste da catalase foi utilizado para determinar se um microrganismo produz ou não catalase. Colocar uma ansa da suspensão de cultura ou pequenos inóculos numa lâmina limpa e sem gordura. Emulsionar a cultura com uma gota de peróxido de hidrogénio (H2O2) recentemente preparado. A efervescência, que indica bolhas de libertação de oxigénio livre, significa a presença de catalase no peróxido de hidrogénio, enquanto a ausência de bolhas é uma indicação de catalase negativa.3.3 Produção de indole Duas a cinco colónias puras foram inoculadas utilizando uma ansa de arame estéril em 2 ml de água peptonada em frascos bijous e incubadas durante a noite a 350C. Foram adicionados 0,5 ml de reagente de Kovac e examinados após 1 minuto. A presença de cor vermelha rosada na camada superior foi considerada positiva (+), enquanto a ausência de cor vermelha rosada ou pálida foi considerada negativa (-). 3.4 Teste da coagulase

Em cada frasco, foram adicionados 2,5 ml de caldo Methyl red-Voges Proskauer e inoculados com colónias puras de organismos de teste. Os frascos bijous foram então incubados a 350C durante 48 h, seguindo-se a adição de 0,6 ml ou 6 gotas do reagente VP A (solução de α-naftanol 34) e, em seguida, 0,2 ml (2 gotas) do reagente VP B (KOH a 40%). Os frascos biológicos foram agitados e deixados em repouso durante 15 minutos. A cor vermelho-rosada (rosa avermelhado) da cultura em caldo nos frascos bijous foi considerada positiva (+), enquanto a cor incolor (pálida) foi considerada negativa (-)

2.5 Teste do vermelho de metilo Cinco mililitros de caldo vermelho de metilo - Voges Proskauer foram distribuídos em frascos bijous e inoculados com colónias puras de organismos de teste. Os frascos bijous foram incubados a 350C durante 48 h, seguidos da adição de 0,5 ml ou 5 gotas de vermelho de metilo e observados quanto à mudança de cor. Os frascos bijous com cor vermelha foram considerados positivos (+), enquanto os que desenvolveram cor amarela foram considerados negativos (-).

2.6 Citrato de SimmonsOs slants de ágar Citrato de Simmons em frascos bijous foram esfaqueados com uma ansa de arame esterilizada e incubados durante 48h a 350C. O crescimento positivo (+), por exemplo, a utilização de citrato, produz uma reação alcalina e o meio muda de cor de verde para azul, enquanto que a ausência de mudança de cor (não utilização de citrato) é considerada negativa. 3.7 Teste da urease Dois mililitros de caldo de ureia em frascos bijous foram inoculados com colónias individuais do organismo e incubados durante 5-6 h a 370C num banho de água. Foram utilizados dois controlos, um controlo negativo contendo caldo de ureia apenas a base e o controlo positivo contendo o organismo padrão Proteus aureus. Todos os frascos bijous em que a cor mudou para rosa foram considerados positivos (+), enquanto os que não tiveram mudança de cor foram considerados negativos

3.8 ResultadosOs resultados deste trabalho de investigação (tabela 4.1) revelam as bactérias envolvidas na infeção da ferida e a sua resistência aos antibióticos seleccionados. Dos quatro locais de amostragem recolhidos, foram isolados cerca de três géneros de bactérias Gram negativas; estas incluem Staphylococcus aureus, Klebsiella pneumonia, Pseudomonas aeruginosa, Staphylococcus epidermidis, espécies de Acinetobacter e Proteus vulgaris. Estes organismos são de importância para a saúde pública. Todos eles apresentaram resistências múltiplas aos agentes antimicrobianos acima mencionados. Os resultados dos testes bioquímicos e de sensibilidade são apresentados no quadro seguinte.

Tabela 4.1: Características bioquímicas das bactérias isoladas de esfregaços de feridas

1código isolado	Gato	Co	Ind	Boi	Ci	Met	Home m	
Staphylococcus aureus,	-	+	+	S	+	+	+	
Pseudomonas aeruginosa	+	-	-	S	-	+		-
Klebsiella pneumonia	+	-	-	R	+	-		+
Staphylococcus epidermidis	+	-	-	NT	+	+		-

Legenda: (+): reação positiva; (-): reação negativa; (+SI): reação positiva lenta; (V): variável; (S): sensível; (Cat)= Catalase; (Co)= Coagulase; (Met)= Vermelho de metilo; (Glu)= Glicose; (Ind)= Teste do indol; (Ci)= Citrato; (Manni)= Manitol; NT= não testado, Ox= Teste da oxidase.

Tabela 4.2 Prevalência de Isolados Bacterianos de Infeção de Feridas.

*Revelou o número de colónias em cada placa de cultura; Staphylococcus aureus
23(33%), Pseudomonas aeruginosa 20(29%), Klebsiella pneumonia 9(13%),
Escherichia coli 10(14%) e Staphylococcus epidermidis 8(11%). Assim, pode
deduzir-se que o Staphylococcus aureus tinha as colónias mais elevadas,
enquanto o Staphylococcus epidermidis tinha as menos.*

Tabela 4.2: Prevalência de Isolados Bacterianos de Infecções de Feridas

Bacteriana	Número de isolados	Percentagem
Staphylococcus aureus	23	33%
Pseudomonas aeruginosa	20	29%
Klebsiella pneumoniae	9	13%
Escherichia coli	10	14%
Staphylococcus epidermidis	8	11%
	70	100

Fig. 4.1: Medição da zona de inibição de Staphylococcus aureus

*FIG. 4.1, utilizando placas duplicadas (duas placas de cultura) na medição da
zona de inibição de organismos Gram positivos, foi utilizada a regra mental
para a medição da zona de inibição. A amicacina, a ofloxacilina e a
vancomicina foram resistentes a Staphylococcus aureus. A gentamicina, o
cotrimoxazol e a piperacilina foram intermédios em relação ao Staphylococcus
aureus, enquanto a ciprofloxacina foi suscetível ao Staphylococcus aureus. Por
conseguinte, pode deduzir-se que o antibiótico tem menos reatividade sobre o
Staphylococcus aureus do que sobre o Staphylococcus epidermidis.*

Fig. 4.1: Medição da zona de inibição de Staphylococcus aureus

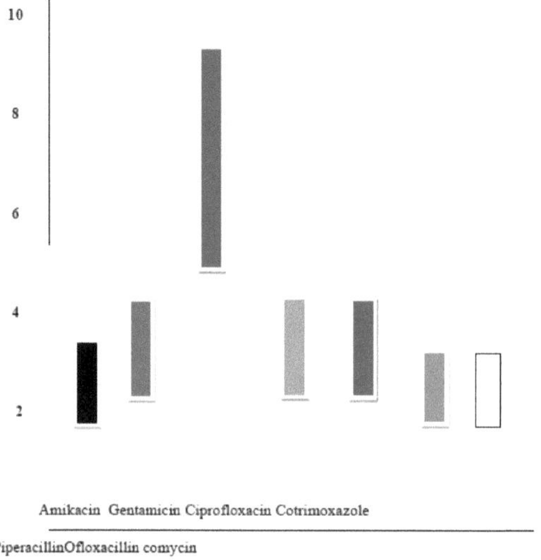

Antibiótico utilizado

Chaves R<3 =Resistente I=4 =Intermédio S>4=Suscetível

Nota: A chave representa todos os antibióticos utilizados neste teste

Fig. 4.2: Medição da zona de inibição de Staphylococcus epidermidis

FIG. 4.2, utilizando placas duplicadas (duas placas de cultura) na medição da zona de inibição de organismos Gram positivos, foi utilizada a regra mental para a medição da zona de inibição. A Gentamicina, o Cotrimoxazol, a Piperacilina e a Vancomicina foram resistentes ao Staphylococcus epidermidis. A amicacina foi intermédia para o Staphylococcus epidermidis, enquanto a ofloxacina e a ciprofloxacina foram susceptíveis ao Staphylococcus epidermidis. Por conseguinte, pode deduzir-se que o antibiótico tem uma reatividade moderada em Staphylococcus epidermidis em comparação com Staphylococcus aureus.

Fig. 4.2: Medição da zona de inibição de Staphylococcus epidermidis

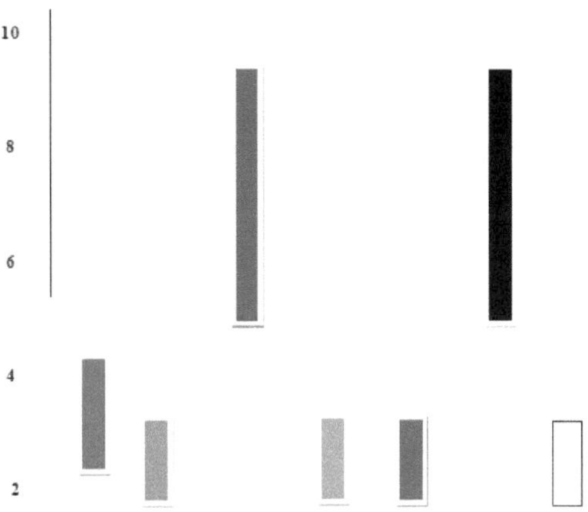

Amicacina Gentamicina Ciprofloxacina Cotrimoxazo Piperacilina Ofloxacilina
Vancomicina

Antibiótico utilizado

ChavesR<3 =Resistente

I=4 =Intermédio S>4= Suscetível

Nota: A chave representa todos os antibióticos utilizados neste teste

Fig. 3: Medição da zona de inibição de Klebsiella pneumoniae

FIG. 4.3, utilizando placas duplicadas (duas placas de cultura) na medição da zona de inibição de organismos Gram negativos, foi utilizada a regra mental para a medição da zona de inibição. A gentamicina, a ciprofloxacina e a cefalexina amoxicilina foram resistentes à Klebsiella pneumoniae, ao passo que a norfloxacina, a ofloxacina, a ceftriaxona, a ciprofloxacina e a amicacina foram susceptíveis à Klebsiella pneumoniae, mas todos os antibióticos tiveram uma reação intermédia na Klebsiella pneumoniae. Por conseguinte, pode deduzir-se que o antibiótico é altamente suscetível à Klebsiella pneumoniae.

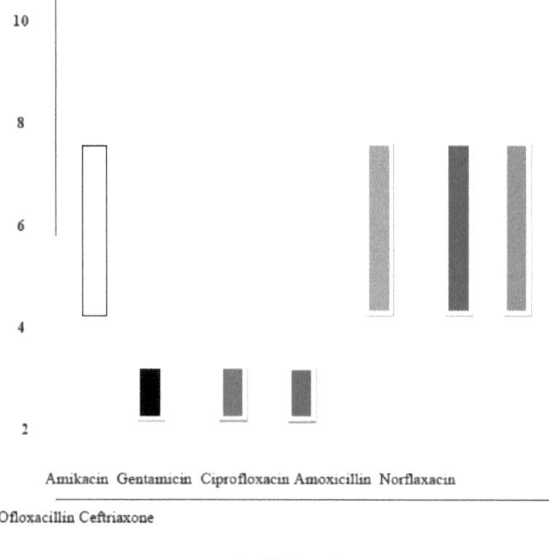

Chaves:R<3 =Resistente I=4 =Intermédio S>4=Suscetível

Nota: A chave representa todos os antibióticos utilizados neste teste

Fig. 4.4: Medição da zona de inibição de Escherichia coli

FIG. 4.4, utilizando placas duplicadas (duas placas de cultura) na medição da zona de inibição de organismos Gram negativos, foi utilizada a regra mental para a medição da zona de inibição. A gentamicina, a norfloxacina e a cefalexina amoxicilina eram resistentes à Escherichia coli. A ofloxacina era intermédia para a Escherichia coli, enquanto a ceftriaxona, a ciprofloxacina e a amicacina eram susceptíveis à Escherichia coli. Por conseguinte, pode deduzir-se que o antibiótico tem uma reação moderada ou é suscetível à Escherichia coli

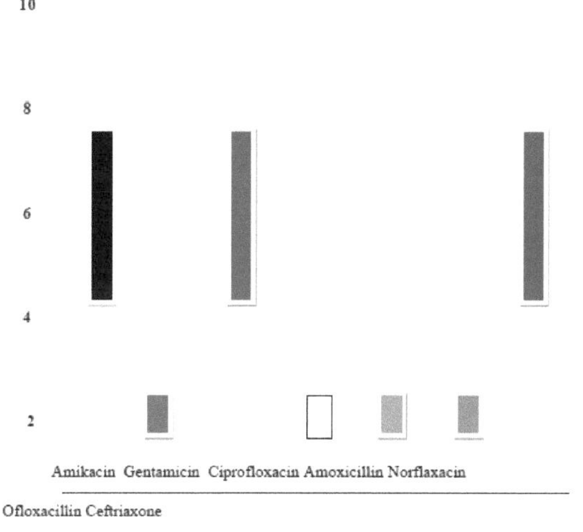

Fig. 4.4: Medição da zona de inibição de Escherichia coli

Antibiótico utilizado

Chaves:R<3 =Resistente I=4 =Intermédio S>4=Suscetível

Nota: A chave representa todos os antibióticos utilizados neste teste

Fig. 4.5: Medição da zona de inibição de Citrobacter spp

FIG. 4.5, utilizando placas duplicadas (duas placas de cultura) na medição da zona de inibição de organismos Gram negativos, foi utilizada a regra mental para a medição da zona de inibição. A gentamicina, a ofloxacina, a ceftriaxona e a cefalexina foram resistentes a Citrobacter spp. A amicacina e a ciprofloxacina foram intermédias em relação a Citrobacter spp, enquanto a amoxicilina e a norfloxacina foram susceptíveis a Citrobacter spp. Por conseguinte, pode deduzir-se que os antibióticos são menos susceptíveis a Citrobacter spp

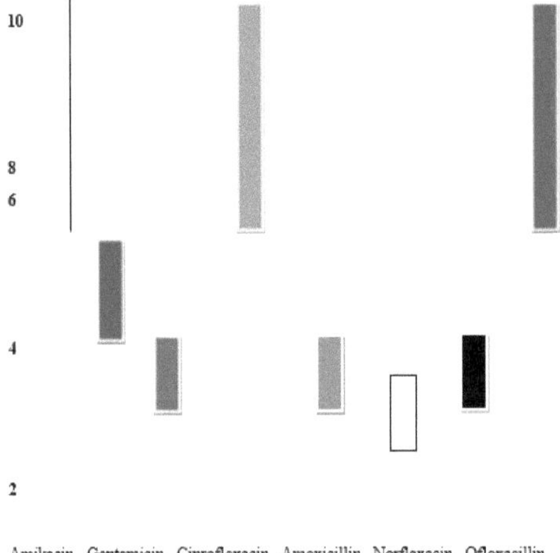

Fig. 4.5: Medição da zona de inibição deCitrobacter spp

Antibiótico utilizado

Chaves:R<3 =Resistente I=4 =Intermédio S>4=Suscetível

Nota: A chave representa todos os antibióticos utilizados neste teste

Fig.4. 6: Medição da zona de inibição de Pseudomonas aeruginosa

FIG. 4.6, utilizando placas duplicadas (duas placas de cultura) na medição da zona de inibição de organismos Gram negativos, foi utilizada a regra mental para a medição da zona de inibição. A amicacina, a cefalexina, a ciprofloxacina e a amoxicilina foram resistentes à Pseudomonas aeruginosa. A norfloxacina e a ofloxacina foram intermédias em relação à Pseudomonas aeruginosa, enquanto a gentamicina e a ceftriaxona foram susceptíveis à Pseudomonas aeruginosa. Por conseguinte, pode deduzir-se que os antibióticos são menos susceptíveis à Pseudomonas aeruginosa

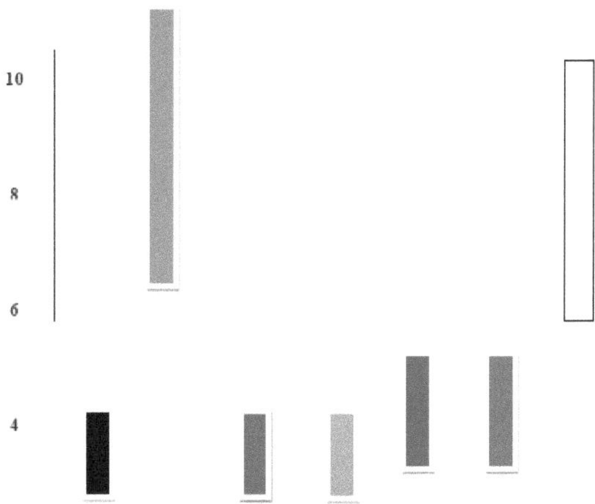

Amicacina Gentamicina Ciprofloxacina Amoxicilina NorflaxacinaOfloxacilina Ceftriaxona

Antibiótico utilizado

Chaves: R<3 =Resistente I=4 =Intermédio S>4=Suscetível

Nota: A chave representa todos os antibióticos utilizados neste teste

Tabela 4.3: Teste da hipótese

Source	Squares	Df	Square	F	p-value
Corrected Model	75.600[a]	3	25.200	.472	.704
Intercept	1153.200	1	1153.200	21.614	.000
Both org.	58.800	1	58.800	1.102	.303
Colonies	16.800	2	8.400	.157	.855
Error	1387.200	26	53.354		
Total	2616.000	30			
Corrected Total	1462.800	29			

Chi-Squared = .052 (Adjusted R Squared = -.058)

A Tabela 4.3 mostra o valor o para ambos os tratamentos e as zonas de inibição de ambos os isolados Gram positivos e Gram negativos que, a partir do valor calculado, tinham um valor superior a 0,05 a 5%. Por conseguinte, aceito a hipótese nula que diz que as bactérias Gram negativas são mais susceptíveis ao antibiótico do que as bactérias Gram positivas.

DISCUSSÃO

A gestão e o tratamento de infecções de feridas continuam a ser uma preocupação significativa para os cirurgiões e médicos numa unidade de cuidados de saúde. O problema tem sido

A situação é ainda mais grave devido à resistência desenfreada e em rápida expansão ao conjunto de agentes antimicrobianos disponíveis, a única opção que temos para tratar as infecções. Os doentes internados enfrentam uma exposição adicional a infecções adquiridas no hospital devido a estadias mais longas. Os dados sobre as populações bacterianas são muito limitados, especialmente no que respeita às infecções de feridas. A seleção de doentes foi restringida aos admitidos nas enfermarias cirúrgicas pós-operatórias após terem sido submetidos a várias cirurgias, uma vez que as taxas de infeção são mais elevadas nas enfermarias cirúrgicas entre os departamentos clínicos. 56 (58,33%) eram isolados Gram-negativos envolvidos na causa de infecções de feridas pós-operatórias. Foram registadas observações semelhantes na Nigéria. Este facto pode ser atribuído à aquisição da flora microbiana fecal endógena normal do doente. A presença de organismos entéricos resultou provavelmente em sépsis subsequente. E. coli 24 (42,9%) foi a bactéria gram-negativa mais comum isolada. A invasão da ferida por E. coli é um caso claro de má higiene hospitalar, tal como outros organismos implicados que são agentes frequentes de infecções nosocomiais. S. aureus 36 (37,5%) foi o único isolado bacteriano gram positivo predominante obtido. Vários relatórios de Cheure (2002) afirmaram que S. aureus era o isolado predominante envolvido na causa de resistência na infeção de feridas. O resultado da suscetibilidade revelou que a ciprofloxacina e a ofloxacilina foram os antibióticos mais eficazes contra as bactérias gram positivas. A amicacina, **a** ciprofloxacina, a ceftriaxona e a norflaxacina foram eficazes contra as bactérias Gram negativas, pelo que o estudo indica que as bactérias Gram negativas são mais susceptíveis aos antibióticos do que as bactérias Gram positivas. Este facto sugere a existência de um conjunto de genes de resistência muito elevado devido, talvez, à má utilização, à utilização excessiva e à utilização inadequada dos agentes antibacterianos. O padrão é melhor compreendido em termos de pressão selectiva exercida sobre os organismos com base na utilização atual de antibióticos. As fluoro-quinolonas e os aminoglicosídeos estão a ser prescritos com maior frequência no nosso meio. Os hospitais proporcionam um ambiente propício à disseminação de organismos resistentes entre a população. Além disso, foram registadas frequências mais elevadas de multirresistência numa população hospitalizada com exposição intensa a antibióticos. As limitações do estudo prendem-se com o facto de não ter sido efectuado um perfil de bactérias anaeróbias e culturas de fungos em zaragatoas de feridas obtidas de infecções de feridas pós-operatórias. Uma monitorização contínua e estudos de atualização sobre os isolados microbianos locais são um requisito essencial e obrigatório para uma melhor gestão e tratamento das infecções de feridas pós-operatórias. Isto seria complementado por medidas adequadas de prevenção e controlo de infecções e por uma política de antibióticos sólida. Tal resultaria em melhores cuidados, segurança e resultados em termos de cuidados de saúde para os doentes

CONCLUSÃO

A partir da investigação do estudo, verificou-se que tanto os organismos gram positivos como os gram negativos eram dominantes na etiologia da sépsis. A vigilância clínica e microbiológica contínua que conduz à deteção rápida do(s) agente(s) etiológico(s), a terapêutica antimicrobiana adequada, os cuidados com a nutrição e a cobertura precoce das feridas são factores que, coletivamente, podem ajudar a reduzir a mortalidade e podem resultar em melhores resultados. A criação de unidades de queimados noutros hospitais situados noutras partes do país pode reduzir a sobrecarga/sobrelotação desta unidade e contribuirá para a redução das infecções nosocomiais.

RECOMENDAÇÕES

O estudo recomendou a administração de vários fármacos aos doentes que sofrem de infeção da ferida. Do mesmo modo, qualquer doente que sofra de uma ferida que não cicatriza/que cicatriza há muito tempo deve ser isolado ou colocado em quarentena, a fim de reduzir o risco de infeção nosocomial, uma vez que a maioria das bactérias isoladas eram bactérias nosocomiais.

REFERÊNCIAS

Andhoga, A. G. Macharia, I. R. Maikuma, Z. S. Wan- yonyi, B. R. Ayumba e R. Kakai, N. (2002). "Aerobic Pathoge- nic Bacteria in Post-Operative Wounds at Moi Teaching and Referral Hospital," East African Medical Journal, Vol. 79, No. 12, 640-644

Arya, P. K. Arya, D. Biswas, R. Prasad, M. (2005). "Antimi- crobial Susceptibility Pattern of Bacterial Isolates from Post-Operative Wound Infections," Indian Journal of Pa- thology and Microbiology, Vol. 48, No. 2, 266- 269.

Ali, S. M. Tahir, A. S. Memon e N. A. Shaikh, S.A. (2009). "Pattern of Pathogens and Their Sensitivity Isolated from Superficial Surgical Site Infections in a Tertiary Care Hospital," Journal of Ayub Medical College Abbottabad, Vol. 21, No. 2, 80-82.

Adegoke, T. Mvuyo, A. I. Okoh e J. Steve, (2007). "Estudos sobre Bactérias Múltiplas Resistentes a Antibióticos Isoladas de Infecções de Sítio Cirúrgico", Investigação Científica e Ensaios, Vol. 5, No. 24, 3876-3881.

Anguzu e D. Olila, P. (2007). "Drug Sensitivity Patterns of Bacterial Isolates from Septic Post-Operative Wounds in a Regional Referral Hospital in Uganda," African Health Sciences, Vol. 7, No. 3, 148-154.

Biadglegne, B. Abera, A. Alem e B. Anagaw, M (2009). "Isolados bacterianos de infecções de feridas e seus padrões de suscetibilidade anti-microbiana no Hospital de Referência Felege Hiwot, Noroeste da Etiópia", Ethiopian Journal of Health Sciences, Vol. 19, No.3, 173-177.

Banjara, A. P. Sharma, A. B. Joshi, N. R. Tuladhar, P. Ghimire e D. R. Bhatta, M.R. (2003). "Surgical Wound Infections in Patients of Tribhuvan University

Teaching Hospital, Journal of Nepal Health Research Council, Vol. 1, No. 2, 41-45.

Bauer, M. Kirby, J. D. Sheris e M. Turch, A.W (1966). "An- tibiotic Susceptibility Testing by Standard Single Disc Method", American Journal of Clinical Pathology, Vol. 45, No. 4, 493-496.

Cheesbrough, M. (2000). "District Laboratory Practice in Tropi- cal Countries Part 2", Cambridge University Press, Cam- bridge, 2000.

Cheure, S. (2002). "Pattern of Pathogens and Their Sensitivity Isolated from Superficial Surgical Site Infections in a Tertiary Care Hospital," Journal of Ayub Medical College Abbottabad, Vol. 21, No. 2, 80-82.

Giacometti, O. Cirioni, A. M. Schimizzi, M. S. Del Prete, F. Barchiesi, M. M. D'Errico, E. Petrelli e G. Scalise, A. (2000). "Epidemiology and Microbiology of Surgical Wound Infections," Journal of Clinical Microbiology, Vol. 38, No. 2, 918-922.

Giri, H. P. Pant, P. R. Shankar, C. T. Sreeramare- ddy, P. K. Sen, B.R. (2008). Surgical Site Infection and Antibiotics Use in a Tertiary Care Hospital in Nepal", Journal of Pakistan Medical Association, Vol. 58, No. 3, 148-151.

Isibor, A. Oseni, A. Eyaufe, R. Osagie,A. (2008). Turay, "Incidência de Bactérias Aeróbias e Candida albicans em Infecções de Feridas Pós-Operatórias," African Journal of Microbiology Research, Vol. 2,288- 291.

Kirkland, J. P. Briggs, S. L. Trivetta e W. E. Wilkinson, V. (1999). "The Impact of Surgical Site Infections in the 1990s: Attributable Mortality, Excess Length of Hospi- talization, and Extra Costs," Infection Control and Hos- pital Epidemiology, Vol. 20, No. 11, 725-730

Moges, A. Genetu e G. Mengistu,M. (2002). "Antibiotics Sensitivity of Common Bacterial Pathogens in Urinary Tract Infections at Gondar Hospital,

Ethiopia," East Afri- can Medical Journal, Vol. 79, No. 3, 140- 142.

Malik, A. Gupta, K. P. Singh, J. Agarwal e M. Singh, B. (2011). "Antibiogram of Aerobic Bacterial Isolates from Post- Operative Wound Infections at a Tertiary Care Hospital in India," Journal of Infectious Diseases Antimicrobial Agents, Vol. 28, No. 1, 45-51.

Magiorakos, A. Srinivasan, R. B. Carey, Y. Carmeli, M. E. Falagas, C. G. Gis A. P (2012) "Multidrug-Resistant, Extensively Drug-Resistant and Pandrug-Resistant Bac- teria: An International Expert Proposal for Interim Standard Definitions for Acquired Resistance," Clinical Microbiology Infection, Vol. 18, No. 3, 268-281.

Comité Nacional de Normas de Laboratórios Clínicos, (2004). "Normas de desempenho para testes de suscetibilidade de discos antimicrobianos".

Roma, S. Worku, S. T. Marium e N. Langeland, M. (2000) "Antimicrobial Susceptibility Pattern of Shigella Isolates in Awassa," Ethiopian Journal of Health Development, Vol. 14, No. 2, 149-154

ÍNDICE DE CONTEÚDOS

I want morebooks!

Buy your books fast and straightforward online - at one of world's fastest growing online book stores! Environmentally sound due to Print-on-Demand technologies.

Buy your books online at
www.morebooks.shop

Compre os seus livros mais rápido e diretamente na internet, em uma das livrarias on-line com o maior crescimento no mundo! Produção que protege o meio ambiente através das tecnologias de impressão sob demanda.

Compre os seus livros on-line em
www.morebooks.shop

info@omniscriptum.com
www.omniscriptum.com

Printed by Books on Demand GmbH, Norderstedt / Germany